石头有毒

地球生态癌症

姚文艺 等

— 著 —

科学出版社

北京

内 容 简 介

你见过一种长得非常漂亮但有"毒"的奇石吗？这种石头外表五颜六色，像雨后彩虹，更像"五花肉"，秀色可餐，然而，它却给当地人民带来了太多的灾难，给我们的母亲河——黄河带来太多的伤害，科学家们形容它是"地球生态癌症"。这种石头就叫砒砂岩。

砒砂岩到底是一种什么怪石？它出生在何年何地？它为啥长得那么好看却有那么多的危害？人们能有高招治好它的生态癌症并造福于人类吗？科学家们一直想揭开它的神秘面纱，寻找治好它的灵丹妙药。

本书专为青少年而写，图文并茂，以图为主；浅显易懂，生动有趣，拟人化地介绍了砒砂岩的前生后世和科学家们治理它的神奇妙招。

图书在版编目（CIP）数据

石头有毒：地球生态癌症 / 姚文艺等著.—北京：科学出版社，2020.1
ISBN 978-7-03-062987-6

Ⅰ.①石⋯ Ⅱ.①姚⋯ Ⅲ.①砂岩－普及读物 Ⅳ.①P588.21-49

中国版本图书馆CIP数据核字（2019）第241026号

责任编辑：李 敏 / 责任校对：何艳萍
责任印制：肖 兴 / 整体设计：林海波

科学出版社 出版
北京东黄城根北街16号
邮政编码：100717
http://www.sciencep.com

北京启航东方印刷有限公司 印刷
科学出版社发行 各地新华书店经销
*
2020年1月第 一 版 开本：720×1000 1/16
2020年1月第一次印刷 印张：7
字数：100 000
定价：68.00元
（如有印装质量问题，我社负责调换）

序言

有一种神奇的石头，它穿着五颜六色的衣服，色彩斑斓，鲜艳无比，是大自然造物主的杰作之一。

然而，它的秉性可坏了。在它没有见到水时，有着非常结实的身躯，而一旦见到水，立刻就怂了，成了一堆散沙。

这种石头就叫砒砂岩。它的"家"就在我国的鄂尔多斯高原，我们中华民族的母亲河——黄河就流经这里。

砒砂岩给我们带来了很多的麻烦。

一是砒砂岩上几乎不长草、不长树，更别说耕种了，生态环境很差，让这个地方的人民可不少受害，人们形容它的危害毒如砒霜，也被科学家们称为"地球生态癌症"。

二是因为砒砂岩见水就怂，水土流失可严重了！从这里进入黄河的泥沙又多又粗，把黄河下游河道淤成了世界上有名的"地上悬河"，给下游两岸人民带来多大的洪灾威胁啊！

因此，砒砂岩就成了人们的心结，如果它既漂亮又温柔，又不会对人们带来危害，那该多好啊！而要实现这样的梦想，谈何容易。这也正是摆在科学家们面前的一道很难的考题。

为了解开这道难题，造福人类，科学家们在砒砂岩地区翻山越岭，用脚步丈量它的踪迹，用科学仪器探寻它的脉络，终于打开了认识砒砂岩这扇"上帝"关上的大门，揭开了砒砂岩的真面目，发现了那种让砒砂岩见水就怂的神秘力量，寻觅到了治愈地球生态癌症的"神药"。

为了介绍科学家们在研究砒砂岩中的奉献精神，展示他们的成果，作者曾写过《破解地球生态癌症的密码》的科普读物，出版后受到读者的广泛赞誉。由于该科普读物主要针对大学生以上的群体，难以满足中、小学生年龄群体的需求，所以作者在该书的基础上又撰写了本书。

本书用拟人化的方法写作，力求更加言简意赅、通俗易懂，以图片和卡通绘画为主，增加可读性和趣味性。

本书由姚文艺、史俊庭、肖培青、焦鹏、刘刚、张立欣、赵何晶等撰写，姚文艺负责通稿、定稿。

写作过程中，参考、引用了大量的相关文献，包括使用了在网上下载的部分图片，书中未一一列出这些创作者的姓名，在此敬请相关创作者给予谅解，并表示十分感谢。我们也相信，这些创作者对普及科学知识是给予支持的，对此作者表示衷心敬意。

由于作者的水平有限，加之对青少年理解科学知识的方式、行为和能力缺乏研究，书中可能存在一些不足，也可能难以完全满足青少年群体的需求，敬请读者指教，作者表示衷心感谢。

2019年9月1日

目录

第一章　　黄河的是与非　　　　　　　　　　　　　　1

第二章　　砒砂岩的罪与过　　　　　　　　　　　　　9

第三章　　康熙大帝与砒砂岩　　　　　　　　　　　　15

第四章　　砒砂岩的家园　　　　　　　　　　　　　　19

第五章　　砒砂岩三兄弟　　　　　　　　　　　　　　23

第六章　　砒砂岩家庭成员　　　　　　　　　　　　　29

第七章　　蒙脱石出生之谜　　　　　　　　　　　　　37

第八章　　怕水的蒙脱石　　　　　　　　　　　　　　41

第九章　　砒砂岩生态癌症病因　　　　　　　　　　　45

第十章　　砒砂岩生态癌症病状　　　　　　　　　　　49

第十一章　为何要治理砒砂岩生态癌症　　　　　　　　53

第十二章　砒砂岩生态癌症常规疗法　　　　　　　　　59

第十三章　揭开治理生态癌症新篇章　　　　　　　　　69

第十四章　问诊蒙脱石　　　　　　　　　　　　　　　73

第十五章　一招不让蒙脱石再怕水　　　　　　　　　　77

第十六章　让砒砂岩改变秉性　　　　　　　　　　　　81

第十七章　为砒砂岩穿一件神奇的防护服　　　　　　　87

第十八章　砒砂岩生态癌症治疗新处方　　　　　　　　93

第十九章　新处方见奇效　　　　　　　　　　　　　　97

第二十章　地球生态癌症治愈的灿烂美景　　　　　　　103

第一章

黄河的是与非

————————

我国有条举世闻名的大河，

她就是黄河，

数千年来一直养育着两岸的人民，

是我们中华民族的母亲河。

九曲黄河

天河龙湾 结冰期的黄河

黄河流经青海、四川、甘肃、宁夏、内蒙古、山西、陕西、河南和山东9个省（自治区），一路行程5464千米，灌溉着两岸数万亩的农田，养育着两岸上亿的人民。黄河穿峡谷，过沙漠，踏平原，纳百川，汇千流，九九回转，行程万里，最后裹沙携浪注入渤海。

滚滚黄河携带大量泥沙

几千年来黄河养育着两岸人民

黄河穿越腾格里沙漠

黄河流经黄土高原

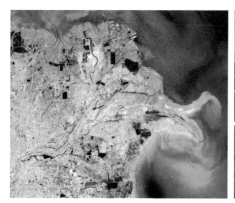

黄河流入渤海

黄河是世界上含沙量最高的河流，每年带着16亿吨泥沙倾泻而下，如果把这16亿吨泥沙堆成1立方米的土堤可以绕地球27圈。因为泥沙淤积在河道内，黄河下游形成了"地上悬河"，成为一条多灾多难的河流。黄河下游有个八朝古都——开封，历史上多次被黄河水淹没，形成"城摞城"奇观。

地表层		
淤沙层 清道光21年（1841）黄河泛滥淤没 清代	4米	
清代文化层		
淤沙层 崇祯15年（1642）黄河泛滥淤没 明代	5米	
明代文化层		
金元文化层 金代	1米	
北宋 北宋	3米	
汉-唐 汉-唐	2米	
战国-大梁 战国	1米	

开封"城摞城"

现在黄河的河底比开封铁塔地面还高13米，一旦遇到洪水决堤，高悬的河床就会严重危及下游两岸人民的生命财产安全。

黄河下游"地上悬河"

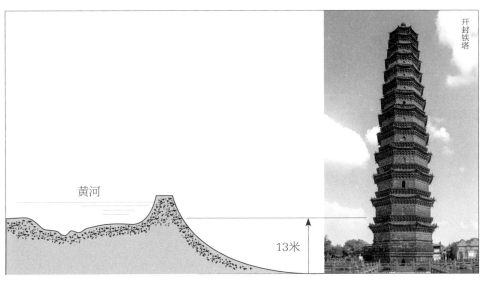

"地上悬河"高出开封铁塔地面13米

第二章

砒砂岩的罪与过

造成"地上悬河"的罪魁祸首之一就是远在千里之外的鄂尔多斯高原上的一种石头。这种石头叫"砒砂岩"，它主要位于内蒙古、陕西和山西的交界地带。砒砂岩看起来很好看，红、白、黄相间，是旅游观光的好去处。

多色彩相间的砒砂岩

看名字砒砂岩好像与有毒的砒霜有关，实际上它们并没有一点儿瓜葛。砒霜是不纯的三氧化二砷，为白色粉末状或结晶状，有时略带黄色或红色，有剧毒，也叫"信石"，有的地区叫"红矾"或"鹤顶红"。

砒霜

砒砂岩

虽说砒砂岩没有毒性，可是它的地表却无法耕作，也不长草、不长树。一遇暴雨，砒砂岩会发生水土流失，造成灾难，让很多老百姓因生态恶化而致贫，因此人们形容它毒如砒霜，并给它起了个"砒砂岩"的名字。

砒砂岩山坡

砒砂岩平时用铁榔头敲都敲不碎，但是一遇到水，转眼就会四散开来。

遇上水砒砂岩就成泥了

砒砂岩是在几亿年前形成的，它是由3种厚厚的分别叫作砂岩、砂页岩和泥质砂岩的岩层交错叠加起来的。

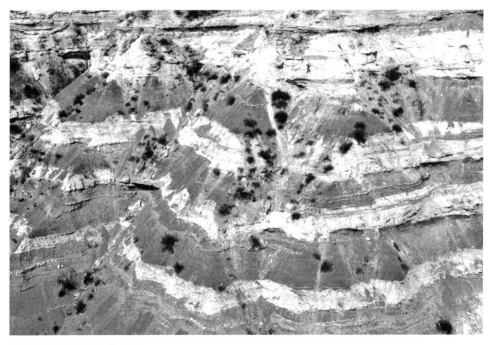

几亿年前形成的色彩斑斓的砒砂岩

砒砂岩地区是我们国家北方生态环境很差的地方，也是地球上独特的地质现象，它造成的水土流失是一种生态灾害。可是人们长期找不到治理它的好办法，因此，被科学家们称为"地球生态癌症"。

砒砂岩地区景象鸟瞰图

第三章

康熙大帝与砒砂岩

据说，当年康熙皇帝平定葛尔丹叛乱的时候，途经今天的准格尔旗龙口镇大口村。大口村有着"鸡鸣三省"之称，它隔河与山西的河曲县、陕西的府谷县毗邻。

龙口镇大口村

龙口镇大口村牌坊

当康熙皇帝来到砒砂岩这里，看到眼前山高百米，临河而立，山石皆为红白黄相间，灿若莲花，很是壮美。于是，康熙皇帝便问随从，此石叫什么名字，但是随从却没有一个人能回答上来；问当地人，他们也不知道。

当年康熙皇帝路经砒砂岩地区

经过大口村途中，康熙皇帝忽然发现在一个叫"梁龙头"的山上有一座小庙，这座庙坐落在风水宝地上，于是拾步而上，在这座小庙里见到了一位叫石花的和尚。

石花和尚对当地的风土人情非常通识，饱受征战之累的康熙皇帝似乎找到了知己，于是他跟石花和尚在小庙里一夜长谈。

大口村庙宇　　　　　　　　　　康熙皇帝与石花和尚一夜长谈

第二天早上，当康熙皇帝走出这座小庙的时候，抬眼又看了看面前的场景，胸有成竹地给它起了一个非常优美的名字——"莲花汕"。实际上这就是砒砂岩。

康熙皇帝命名砒砂岩为"莲花汕"

第四章

砒砂岩的家园

砒砂岩地区来的泥沙，进入黄河后，因为很粗，都淤积在了下游河道里。

大量粗泥沙淤积在下游河道里

如果找到它的家园在哪里，知道它的面积有多大，就可以集中精力治理，对减少进入黄河的粗泥沙就可以起到四两拨千斤的作用了。科学家们通过一次又一次的调查和研究，最终找到了砒砂岩的家园就在黄河流域鄂尔多斯高原。

经过考察和计算，砒砂岩的总面积有1.67万平方千米，这个面积只占黄河流域面积的2%多一点。

可不要小看这个2%多一点，它每年产生的粗泥沙量竟然占到黄河下游河道多年平均淤积量的1/4，而且淤积下来以后，就是通过调水调沙等人工设施也难以把它再冲起来，对黄河下游河道的危害实在太大了。

靠小浪底水库调水调沙也很难冲走淤积在下游河道里的粗泥沙

第五章

砒砂岩三兄弟

砒砂岩家族有"三兄弟"，老大叫"覆土砒砂岩"，占到砒砂岩总面积的50％还多。这种砒砂岩表面上盖了一层黄土，它的外表看起来就是"黄土带帽，砒砂岩穿裙"。

山顶盖了一层黄土的覆土砒砂岩

站在覆土砒砂岩区的沟底，依次能看到各种颜色的砒砂岩和深浅不等甚至有的地方会达到10米厚的黄土层。覆土砒砂岩地表上可以长些草、长些树，但也是零零星星的。

长有零星草类植物的覆土砒砂岩

砒砂岩家族的老二叫"裸露砒砂岩"，占到砒砂岩总面积的27%还多一点儿。这种砒砂岩，表面上什么东西都没有，在地表上能直接看到，它的外表看上去就是"无衣无帽，砒砂岩裸奔"。

　　裸露砒砂岩上面几乎没有草也没有树，光秃秃的，水土流失可严重了，每年每平方千米内要被雨水冲掉2万吨以上的砒砂岩。

裸露砒砂岩

　　砒砂岩家族的老三叫"覆沙砒砂岩"，占到砒砂岩总面积的20%多一点儿。这种砒砂岩的表面盖有一层风沙。

山顶上盖有风沙的覆沙砒砂岩

它为啥会盖一层风沙呢？因为这个家族成员离我国四大沙地之一的毛乌素沙地和八大沙漠之一的库布齐沙漠不太远，风一吹，沙漠里那些风沙就被刮到这个成员身上了。现在，它身上的风沙层厚度可以达到10米至30米。从外表看，它就是"风沙带帽，砒砂岩穿裙"。覆沙砒砂岩风化剥蚀是相当严重的。

"风沙带帽，砒砂岩穿裙"的覆沙砒砂岩

第六章

砒砂岩家庭成员

很多第一次见到砒砂岩的人都会惊奇：好端端的一块岩石，遇到水怎么转眼就成一堆散沙了呢？原来这与它们家族的成员有关。

红色砒砂岩遇水为什么会溃散？

石头有毒 地球生态癌症

白色砒砂岩为什么见水也会溃散?

砒砂岩的家族成员有两部分: 一是它的岩石成员; 二是它的化学成员。

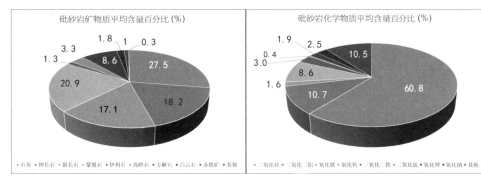

砒砂岩矿物质平均含量百分比 (%)

1.8 1 0.3
3.3
1.3
20.9   8.6   27.5

17.1   18.2

• 石英 • 钾长石 • 斜长石 • 蒙脱石 • 伊利石 • 高岭石 • 方解石 • 白云石 • 赤铁矿 • 其他

砒砂岩化学物质平均含量百分比 (%)

1.9   2.5
0.4
3.0   10.5
1.6   8.6

10.7   60.8

• 二氧化硅 • 三氧化二铝 • 氧化镁 • 氧化钙 • 三氧化二铁 • 二氧化钛 • 氧化钾 • 氧化钠 • 其他

砒砂岩的家族成员

先说它的岩石成员吧。

科学家们利用先进的仪器, 经大量观测分析, 发现砒砂岩主要由石英、蒙脱石、钾长石、斜长石和方解石等石头组成。

研究人员观测砒砂岩成分与结构

石英可是一种非常硬的石头，最常见的玻璃主要成分就是它。砒砂岩中石英的平均含量不到30%，与坚硬无比的花岗岩相比，含量还是少了很多。不管怎么说，因为石英是一种很稳定的矿物质，所以它绝对不是引起砒砂岩遇水溃散的家伙。

石英

砒砂岩的另一位成员叫蒙脱石，它就是引起砒砂岩遇水就溃散的罪魁祸首。虽说蒙脱石在砒砂岩中含量平均在25％以下，但这个成员一见水就特别活跃，它吸水性很强，吸到水以后身体就发胀。

小烧杯中装了10毫升的蒙脱石粉　　　　　　　　　　　　加水以后蒙脱石的体积膨胀了将近1倍

砒砂岩的斜长石、钾长石等成员，科学家们又把它们通称为长石，也是不老实的成员，一见风就招架不住了，就会分散，这个过程就是科学家们常说的风化。长石一风化，就会使岩石结构遭受破坏。

钾长石　　　　　　　　　　　　　　　　　　　　　　　　斜长石

砒砂岩中还有一位成员，叫方解石，它的毛病更多：一见风就容易风化成碎小颗粒，见到水后它又会与水中含有的二氧化碳这种物质发生化学反应，生成容易被水带走的化学物质。因此它也是导致砒砂岩怕水、怕风的主要罪魁祸首之一。

方解石

　　再来说说砒砂岩的化学成员。

　　砒砂岩家族中的化学成员主要有二氧化硅、氧化铝、氧化镁、氧化钙、氧化铁、氧化钛、氧化钾和氧化钠等，还有少量的二氧化硫和三氧化二磷。

砒砂岩家族的主要化学成员

在这些成员中，二氧化硅、氧化铝、氧化镁、氧化钛、氧化铁是比较稳定的，都不溶于水，不会成为使砒砂岩遇到水以后溃散的凶手。

氧化钙、氧化钾、氧化钠、二氧化硫、三氧化二磷可没有那么老实了，它们见到水以后就发生化学反应，变成溶化于水中的物质，很容易被水带走。砒砂岩的家族成员数量少了，一是使砒砂岩内部出现更多的空隙，建构起的砒砂岩这座"房子"就不稳定了；二是因为空隙多了，会有更多的水容易进到砒砂岩内部，并引起更多的化学反应，最终和蒙脱石等不老实的岩石成员共同导致砒砂岩溃散。

水侵入"房子"，比较稳定的成员在"房子"里的一个角落，满脸不在乎的表情；不稳定的成员在另一个角落，满脸喜悦。"房子"在哭泣，"房子"外的水喊着要进去

第七章

蒙脱石出生之谜

————

前面已经说过，蒙脱石属于砒砂岩中最不老实的成员，遇水就会膨胀。那么这个蒙脱石是怎么出生的呢？原来啊，蒙脱石是长石发生化学变化后形成的一种物质。下面我们就来看看复原蒙脱石的过程吧。

长石可以变化成蒙脱石

钾长石见到水以后，就生成了伊利石，在伊利石生成过程中，还会生成一个物质，叫作"钾离子"，有了钾离子，伊利石的周围可就成了碱性环境，在这种碱性环境中伊利石还会反应，通过化学里说的"水解"反应，进一步形成一种新东西——高岭石。

高岭石再与水反应，就形成了蒙脱石。

还有，砒砂岩中一个叫"云母"的成员，在一定条件下，见到水以后也可以转化成蒙脱石。所以蒙脱石的出生过程可是不简单的，很复杂。

钾长石和云母变成蒙脱石的过程

第八章

怕水的蒙脱石

经科学家们研究，蒙脱石这种石头最怕水了，一见到水，它就膨胀。它的膨胀发生在一种叫作"晶层"的物质之间。这个晶层像我们平时常见的一张纸，只不过组成这个晶层的是化学物质的分子而不是纸。

蒙脱石内部的晶层示意图

晶层里有一些叫作"离子"的带电物质，没有水时相当稳定；一旦遇到水，就会跟晶层之间的钙、钾、钠等呈阳性的金属离子结合，组成一种叫作"水化膜"的东西。这个水化膜在晶层间的形成，直接导致了晶层与晶层之间的膨胀，最大能够达到自身体积的30倍呢。

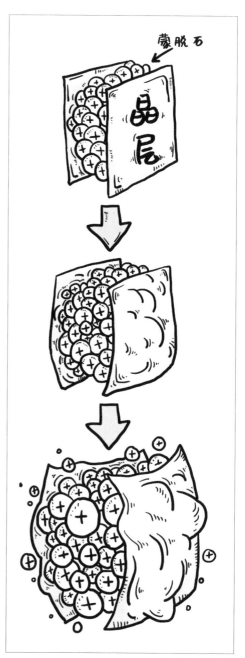

晶层间离子变化使晶层遭受破坏

当水化膜产生之后，原来不移动的金属阳离子就开始在晶层间来回游动了，并和水发生一种"络合"反应，形成了水合金属阳离子。随着越来越多的水进入晶层间，越来越多的水合金属阳离子之间就产生了引力和斥力，而且斥力比引力大得多。

水合金属阳离子可以形成破坏晶层的斥力

由于晶层间生成越来越多的水合金属阳离子，体积增大所产生的压力越来越大，很快就超过了晶层之间原有的压力，晶层里外的压力平衡就被打破了。就像是一堆弹簧出现在两张纸中间一样，弹簧的弹力越来越大，两张纸已经裹不住这种弹力，只能被弹簧的强大弹力撑破。于是晶层被彻底打破，最终使蒙脱石解体。

晶层被打破

第九章

砒砂岩生态癌症病因

科学家们研究，砒砂岩生态癌症的病因是蒙脱石遇水便膨胀。那么蒙脱石的膨胀是如何让砒砂岩得了生态癌症呢？请看下面这张图，它让我们能够清晰地看到水是如何在短时间内击溃砒砂岩的。

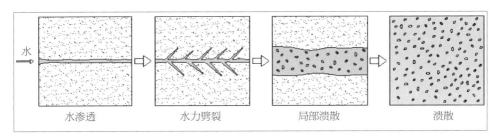

砒砂岩溃散模型

　　首先在潮湿的环境下，少量的水从砒砂岩粗大孔隙中渗入到砒砂岩中（水渗透）；然后，蒙脱石吸水开始膨胀（水力劈裂），砒砂岩内部颗粒间的约束力逐渐丧失，表层的颗粒开始剥落，加上蒙脱石遇水膨胀产生的力的作用，砒砂岩内部颗粒间失去连接，砒砂岩的局部就会发生溃散，甚至胀裂为数块（局部溃散）；最后，砒砂岩成块成块地剥落，逐步碎散成更小的小块和颗粒（溃散），砒砂岩全部溃散，最终成了一堆散沙。

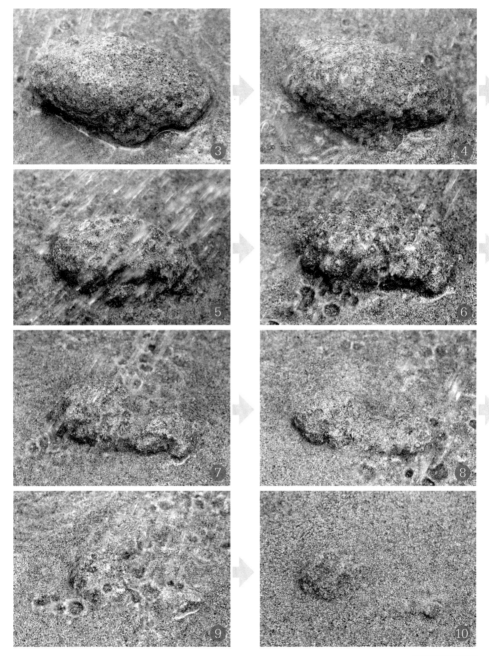

砒砂岩溃散过程

第十章
砒砂岩生态癌症病状

砒砂岩的生态癌症表现症状
就是遇水后发生侵蚀破坏。砒砂
岩侵蚀的类型有两大类：季节性
降雨形成的水流侵蚀和常年性不
是由水流引起的侵蚀。每年在降
雨集中的季节，雨水多，使砒砂
岩膨胀侵蚀，这时的侵蚀就是季
节性降雨水流侵蚀。

雨中砒砂岩溃散成泥

常年性不是由水流引起的侵蚀就不是降雨引起的了，它是刮风、冰冻融化引起的。
砒砂岩所在的鄂尔多斯地区每年都会有大风，大风的速度快，吹的力量大，就会吹起表
层砒砂岩，造成科学家们所说的"风蚀"，把砒砂岩吹得"满脸沧桑、满身沟痕"。

大风把砒砂岩吹得"满脸沧桑、满身沟痕"

每年冬天，砒砂岩裂缝中的水分会冻结成冰，到了来年春天，就会消融，砒砂岩哪能受得了这么冻冻化化呀，这么一折腾，砒砂岩就会膨胀、散架，这样的现象被科学家们称为"冻融侵蚀"。

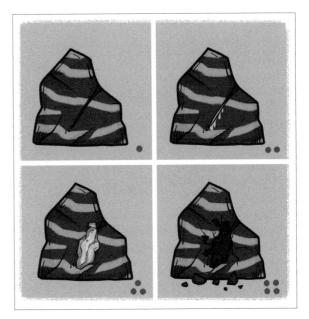

砒砂岩冻融侵蚀破坏过程

遭受冻融侵蚀，砒砂岩塌落成堆

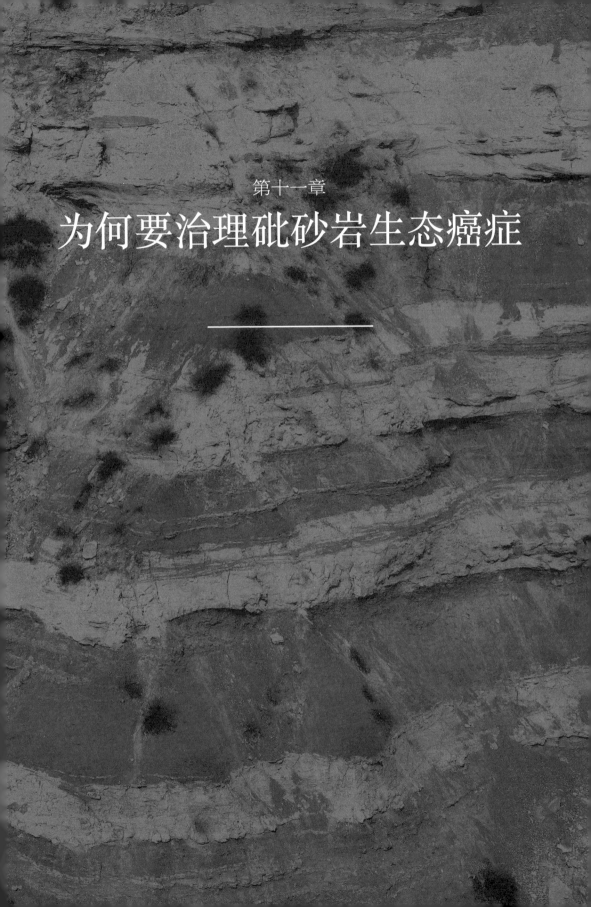

第十一章

为何要治理砒砂岩生态癌症

砒砂岩侵蚀造成的水土流失危害可大了，最大的危害就是前面我们曾经说过的，会产生很多粗泥沙进入黄河，造成黄河下游河道淤积抬高，形成"地上悬河"，威胁到河南、山东、安徽、江苏、河北、天津 6个地区12万平方千米近亿人口的安全。

历史上泛滥的黄河水

历史上黄河水泛滥给人民带来深重灾难

它的危害还可以从造成的"面蚀""沟蚀"的后果说起。

"面蚀"是下雨、水流等对山坡表层的冲刷，把砒砂岩表层疏松的土壤颗粒带走，形成了一条条深浅不一的小细沟，从而让土壤养分和水分大量流失，造成土壤贫瘠，让砒砂岩山坡上很难长草、长树。

"沟蚀"又叫沟道侵蚀，是从山坡上流下来的水切割地表，形成沟道，使砒砂岩地区千沟万壑、千疮百孔、满目疮痍，很多地方难以长庄稼和绿色植物。

"面蚀"破坏使砒砂岩形成一条条小沟道

"沟蚀"破坏使砒砂岩成为千沟万壑

进到沟道里的洪水会向下游猛泄，埋压农田、阻断交通、冲毁或冲垮通信设备和水利设施。

还有一种危害叫作"风蚀沙化"，它的后果会不断减少可利用土地，使农牧业生产遭灾、减产。肆虐的风沙常会埋压房屋、牲畜圈、水井和湖淖，严重恶化当地的生存环境，甚至把原来宜居的地方变成了沙漠。

携带大量泥沙的洪水冲出沟外

砒砂岩山顶的风沙侵蚀情景

砒砂岩地区的水土流失非常剧烈，有的地方每年每平方千米流失的泥沙量就达到3万～4万吨，造成当地老百姓非常贫困。

生态退化致贫，老百姓难以生活

砒砂岩水土流失的种种危害太大了，所以我们必须对砒砂岩这一地球生态癌症开展治理，改善砒砂岩地区的生态环境，不能让当地老百姓再遭受"生态致贫"之苦。

向砒砂岩进军，还砒砂岩地区绿水青山

第十二章

砒砂岩生态癌症常规疗法

以往为了治理砒砂岩水土流失，也采取了不少措施，这些也就相当于开出了治理砒砂岩生态癌症的常规疗法，归纳有以下几种。

第一种治理措施是在山坡上或者在沟道里种植一种叫作"沙棘"的植物。

沙棘在海外早就享有盛名。据说，古希腊时期，有一次斯巴达人打了胜仗，无奈地把60多匹在战争中受了重伤的战马放归到一个灌木林中，让其自生自灭。

沙棘

曾经发生在古希腊的斯巴达战争

然而，斯巴达人在一段时间后惊讶地发现，这60多匹濒临死亡的战马，竟然一个个体壮膘肥、毛色鲜亮，远远看去好像闪着光亮。

最后斯巴达人发现了一个秘密：这些战马饿了就吃灌木林里的一种植物，渴了就吃植物的果实，这种植物治愈了战马的伤，且使战马更加健壮。斯巴达人知道了这种植物的营养和医用价值后，就给它起了一个浪漫的名字："使马闪闪发光的树"，这就是沙棘拉丁学名的由来。

沙棘果实中维生素C含量特别高，素有"维生素C之王"的美称。沙棘果实含有多种活性物质和人体必需的各种氨基酸。沙棘果实的提取物——沙棘油里还有高达206种对人体有用的活性物质。对于那些爱美的男士和女士来说，沙棘油含有的活性物质还有抗衰老的作用呢。

沙棘让濒临死亡的战马恢复得体壮膘肥、毛色鲜亮

含有沙棘油的化妆品

沙棘是多年生植物，它的地下根能克隆出分株和更多的根系，这些沙棘根连在一起，形成复杂的网格结构，把土粒包裹在中间，能够有效保持水土、防风固沙，帮助植物定居。

顽强的沙棘根系

沙棘还长有"根瘤"，就是在根上长有一个个的小瘤子。这些小瘤子可有用处了，它能把空气中的氮固定下来，而氮可是植物生长离不开的养分呀。加上沙棘枯落物的分解，能提高土壤有机质含量，让土壤更肥沃。

沙棘根上长出的"根瘤"

当地群众形容沙棘的好处说：枝叶繁茂，长在地上像把伞；枯叶厚重，铺在地面像地毯；根系发达，扎进土里像张网。

沙棘丛林

第二种治理措施就是种植油松。在覆土砒砂岩地区经常会见到一些油松林，种植油松也是治理砒砂岩的最好办法之一。在准格尔旗暖水乡，甚至有一棵生长近千年、被中国林业科学研究院认定的"中国第一松"的"油松王"。

生长于准格尔旗暖水乡的"油松王"，树高26米，胸径1.34米，树龄近千年

油松是浅根系树种，抗干旱、耐瘠薄，是覆土砒砂岩地区造林的主要树种。在准格尔旗人工种植的油松林已经顺利成长了20多年，这些郁郁葱葱的油松林有效控制了砒砂岩地区沙土或黄土山坡地的水土流失，也为当地农民提供烧柴等生活用的原料。

人工油松林

第三种治理措施是种植柠条。柠条是砒砂岩地区分布范围最广、面积最大的豆科灌木树种，每年春末开出一簇簇黄色的小花。柠条抗干旱、耐瘠薄、容易成活、生长快、寿命长、生物产量高、虫害少，在覆沙砒砂岩地区生长较好，根系发达，最长可达10米以上，并在其周围常能形成固定的土埂，因此，被称为优良的固沙保土灌木。

春天的柠条

冬天的柠条

另外，还有其他治理措施。例如，种植沙柳和羊柴，这两种植物也属于抗旱能力强、生物产量高、饲用和材用价值大、防风固沙功能好的优良沙生灌木，也是治理砒砂岩地区水土流失的措施之一。

秋天的沙柳

春天的羊柴

以上都属于生物治理措施。治理砒砂岩水土流失还可以修建一些工程，拦住泥沙不让它进入黄河里。其中常规的工程治理措施就是建设淤地坝。

刚建好的淤地坝

淤地坝就是在沟道里先建一道大坝，然后把从上游冲下来的泥沙拦在大坝前面，日积月累，在大坝的前面还能淤成一块平地，农民就可以在这块土地上种庄稼了。不过，在砒砂岩地区修建淤地坝可不是容易的事，因为砒砂岩一见水就溃散，不能作为修建淤地坝的建筑材料，为了解决建筑材料缺乏的问题，不得不到外地拉修建淤地坝的材料，例如黄土等，这就会增加建设淤地坝的成本。

黄土区淤地坝坝地中的庄稼

治理砒砂岩水土流失的另外一种工程措施是修建谷坊。谷坊也叫小淤地坝，是建在那些支支岔岔的小沟道内的小型拦沙工程。它的作用也是拦蓄泥沙，不让泥沙进入到下一级的大沟道里。谷坊的个头不大，坝高从3米到5米不等，有的甚至不到1米，拦沙量往往不到1立方米。按建筑材料分，有土谷坊、石谷坊、插柳谷坊、枝梢谷坊、木料谷坊、混凝土谷坊等。

在小沟里修建的谷坊

因为在砒砂岩地区很多地方缺乏修建淤地坝的建筑材料，所以人们就想到了是不是在沟道里种灌木之类的植物，种的密度大一些，不是也可以起到拦沙的作用吗？后来大家就把这样的治理措施叫作"植物柔性坝"。

在沟道里种植植物形成的"坝"，称为"植物柔性坝"

植物柔性坝是在沟道内按一定的株距和行距，种植一定数量的沙棘等形成植物群，利用植物的枝干形成能透水的"篱笆墙"，把泥沙拦截在沟道中。砒砂岩地区用来做柔性坝的植物大都是沙棘，这样的坝叫作"沙棘柔性坝"。

科学实验证明，植物柔性坝是一项好措施，除了拦沙，还可以在沟底形成新的灌草群落，给动物提供良好的栖息地。例如，当地濒临灭绝的野兔、石鸡、野鸡、黄鼠狼、蛇等野生动物及微生物，还有大雁、麻雀、喜鹊、乌鸦等鸟类有了植物柔性坝后逐渐多了起来，形成了区域生物链。

沙棘柔性坝

第十三章

揭开治理生态癌症新篇章

虽然以上治理措施起到了不错的效果，但因砒砂岩地区环境恶劣，前文所说的那些措施功能单一，植物成活率低，工程措施缺乏建筑材料，所以必须找到治理砒砂岩这种地球生态癌症的新方法，能够防治土壤侵蚀又能够促进植物生长，这将是一项创举。

科学家们走在砒砂岩沟道冰面上考察两边的砒砂岩山坡

为了攻克治理砒砂岩的新技术，专门设立了一个国家科技支撑计划项目，叫作"黄河中游砒砂岩区抗蚀促生技术集成与示范"。由全国水利系统重点科研单位之一的黄河水利科学研究院牵头，组织全国多家相关高校、科研单位及企业，成立研发团队，对砒砂岩治理技术开展攻关。

考察砒砂岩的研发团队部分成员

科学家们设定了两个大目标，一个目标是研发一种既能控制土壤侵蚀又让植物同时很快生长的技术，叫作"抗蚀促生"技术；另外一个目标是让砒砂岩改改秉性，不让它一见到水就怵，这项技术叫作"砒砂岩改性"。

科学家们在研讨攻克砒砂岩治理技术的方案

科学家们为了验证这些技术，还在砒砂岩区一个叫作"二老虎沟"的地方设立了技术示范区。

科学家们在一个叫作"二老虎沟"的地方设立的技术示范区

第十四章

问诊蒙脱石

想要让砒砂岩改性，就得控制住那个不老实的成员——蒙脱石，不让它一见水就膨胀。要想控制它，就得想办法先把它从砒砂岩里面提炼出来，仔细研究一下，看清它的真面目。

要控制砒砂岩遇水溃散，需要研究蒙脱石遇水为什么会膨胀及其破坏规律

科学家们提炼蒙脱石的过程是这样的：先将砒砂岩经人工破碎成沙，去除大的石英颗粒，然后放入烘箱内烘干。烘干后进行分散，再把分散的砒砂岩放入蒸馏水中，制成悬浊液体，使黏土充分分散，再将悬浊液过筛并进行超声波分散，最后再使用离心机进行固液分离。将离心试管上层中的清液倒去，将试管底部的固体取出放入烧杯中，然后放入烘箱中烘干并磨成粉状样品，这个样品就是蒙脱石了。

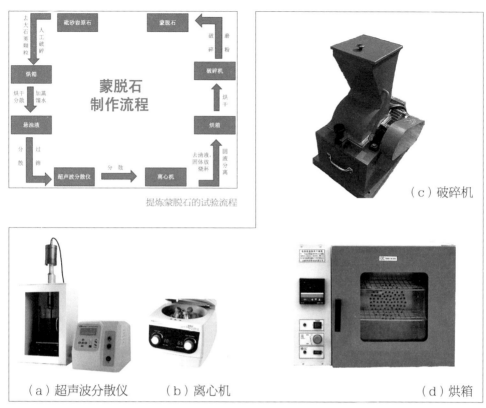

提炼蒙脱石的试验流程

提炼蒙脱石的主要仪器

提炼出蒙脱石后，经过一系列的试验，终于看清楚了蒙脱石的真实面目——分子结构，这样科学家们就可对症下药对砒砂岩改性了。

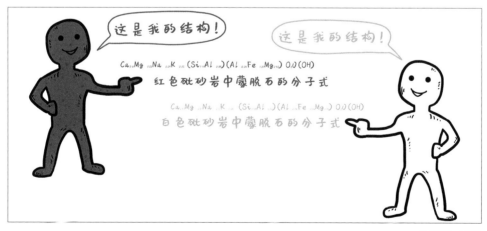

砒砂岩分子结构

第十五章

一招不让蒙脱石再怕水

为了找到不让蒙脱石见水就膨胀的方法，科学家们先建立了一个表达砒砂岩二元结构的力学模型，其中的一元是膨胀元，另一个元是胶结元，这两个元是有相互关系的。例如，膨胀元的力气大的时候，砒砂岩就会膨胀；胶结元力气大的时候，砒砂岩就不会分散了。经过对这个模型分析推导发现，要实现改性就需要采取两种措施：一是对蒙脱石进行改性，减少它的膨胀力；二是增强砒砂岩各个成员之间的亲和力，让它们即使遇到水也岿然不动。

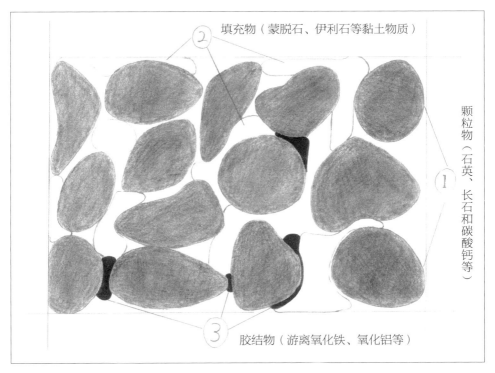

砒砂岩的二元结构示意图

要减少蒙脱石的膨胀力，采取的科学办法是，通过上面所说的蒙脱石晶层间离子交换，把见水容易膨胀的成分给置换掉，即利用一种叫作"碱溶蚀"的技术把容易膨胀的成分变成不易膨胀的物质。

这样，通过技术手段，终于抑制住了蒙脱石遇水膨胀的"秉性"，蒙脱石不再怕水，砒砂岩的胶结能力明显增强，砒砂岩即使再碰到水也会岿然不动，而且这样改性不会产生任何污染。

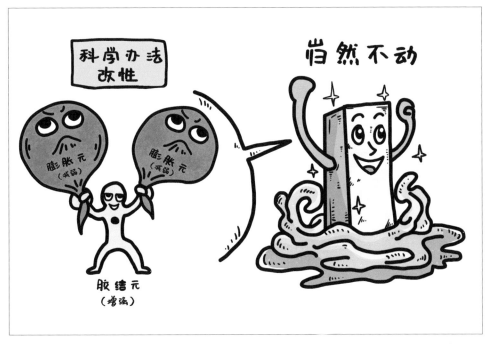

将蒙脱石中遇水活泼的物质置换掉，砒砂岩再遇到水后就不会溃散了

第十六章

让砒砂岩改变秉性

经过精心工作，改变砒砂岩遇水破坏
秉性的妙药——改性剂终于配制出来了。
把这种改性剂加入到砒砂岩中，能够抑制
蒙脱石的膨胀，从而阻止砒砂岩的溃散。

科学家们研制的砒砂岩改性剂

关于它的原理，打个比方就比较清楚了。假如砒砂岩是一支军队，可以攻克它的敌
人叫作水。水只要一来，这个军营立刻被攻破。查明原因后发现，军营中有一个喜欢水
的部门叫作蒙脱石，组成这个部门的几个更小单位里有很多绝对的亲水分子。

蒙脱石遇水容易膨胀是因为含有亲水分子

为了战胜水这个敌人，上头命令一个代号为"碱"或者"碱金属"的秘密组织进入这支军队，然后将亲水的这些金属离子都揪出来。这时，蒙脱石这个部门中的亲水组织就被清除了，然后，这些被清除出来的分子又在秘密组织的训练和教化下，组建了新的组织部门。至此，水这个敌人来到之后，没有了内应，又没城门可攻入，只能眼睁睁地在周围转悠而无可奈何！

改性剂可以把亲水分子清除掉

这个秘密组织就叫作"改性材料"，这个训练教化的过程就叫作"改性"！砒砂岩改性之后，就可以用于修建淤地坝了，科学家们终于把缺乏建筑材料的大难题解决了，并在二老虎沟就用改性后的砒砂岩修建了一座示范淤地坝。

利用改性后的砒砂岩修建的示范淤地坝

　　用改性后的砒砂岩修建的淤地坝，经过特大暴雨洗礼之后，边坡稳定，没有发生土壤侵蚀。但是，没有采用改性措施的淤地坝旁边的道路却被冲得一塌糊涂，出现了多条深沟。

改性淤地坝刚建好的现场

改性后的砒砂岩不仅可以用作修建淤地坝的材料，而且还可以做成各种各样的免烧砖，用途可广泛啦！

砒砂岩改性材料用途很广泛，可以做砖和其他装饰物

没有任何处理的大坝旁道路被暴雨冲刷的深沟

第十七章

为砒砂岩穿一件神奇的防护服

在砒砂岩地区，开车行驶在公路上，你可以看到公路两旁边坡上的砒砂岩被糊上了一层水泥。这层水泥是防止砒砂岩遇水侵蚀、影响道路通行的。但是有不少的边坡已经出现了大面积脱落，失去了阻止砒砂岩水土流失的目的。

用水泥防护的道路边坡，过一个冬天就脱落了

因此，需要给砒砂岩做一件防护服，让它穿上既能防水流冲刷、防暴雨冲击，又能吸水保水、增加植物营养、舒适透气、不影响长草。这件衣服就是一种新材料，具有抗蚀促生的功能。同时这种材料具有高度的安全性，对植被不会产生药害，对生态环境和水质不会造成二次污染。

科学家研发的抗蚀促生材料喷在砒砂岩表面，相当于为砒砂岩穿上了一件防护服

给砒砂岩穿防护服的方法是，在需要长出青草的地方，先撒上草籽，然后喷洒这种材料，下雨的时候这种材料能够保存一定的水分，供草籽发芽、生根，健康成长，这叫作"促生"；同时这样的材料既可以包裹砒砂岩颗粒，和砒砂岩表层土壤融为一体，又可以防止雨水冲刷，这叫作"抗蚀"。如此一来，它不仅可以固定砒砂岩，还能够促进砒砂岩区的植物生长。这种技术就叫"抗蚀促生"技术。

植物的嫩芽从抗蚀促生材料处理过的砒砂岩中钻出

砒砂岩穿上防护服（左边）和不穿防护服（右边）的效果对比

第十八章

砒砂岩生态癌症治疗新处方

俗话说的好：孤掌难鸣；孤木不成林。砒砂岩区的治理靠单一的抗蚀促生技术难以很好地完成使命，需要有其他配套技术和措施，要实施"兵团"作战。因此，"二元立体配置综合治理"模式就被发明了出来，也就是相当于给治理砒砂岩生态癌症开了一个处方。以往的"砒砂岩治理"模式采取的措施没有形成密切配合的体系，而新的处方也就是"二元立体配置综合治理"模式，采取的措施体系是"抗蚀促生材料措施+生物措施+砒砂岩改性工程措施"，各种措施相互关联，共同发力。

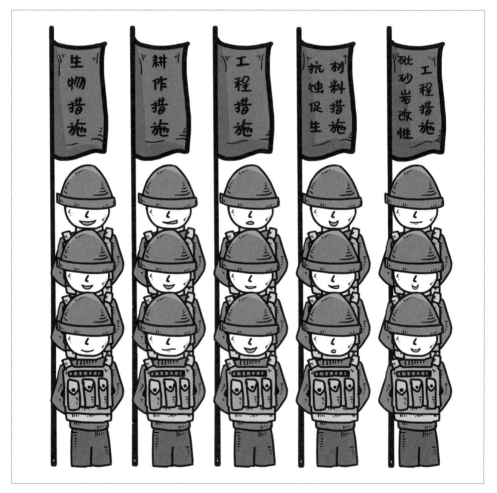

"二元立体配置综合治理"的"兵团"

根据砒砂岩区的地形地貌、侵蚀特点，选择最适合的方法，让这些手段和想要达成的效果完美结合，就是"二元立体配置综合治理"模式。更具体一点的就是根据砒砂岩区自然生态条件及侵蚀规律，建立适合于梁峁顶、坡面、沟坡、沟道等不同地貌条件的空间立体措施配置体系。

把山坡分为5个区，即A是梁峁顶，B是70°以上的坡面，C是35°到70°的坡面，D是35°以下的缓坡，E是沟道。在不同部分，侵蚀的类型有别，因此以抗蚀促生材料措施为骨干，分别布置不同的辅助治理措施。

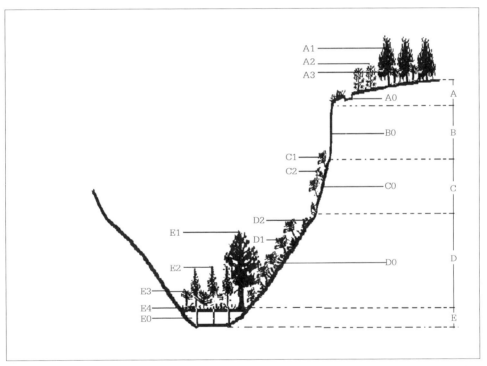

"二元立体配置综合治理"模式示意图

第十九章

新处方见奇效

科学家们在实施"新处方"也就是布置"二元立体配置综合治理"模式时，在坡顶挖设截水沟来防止雨水汇集冲刷坡面，并修建了蓄水池。在截水沟沟沿喷洒抗蚀促生材料并种植柠条，提高截水沟的稳定性。

在砒砂岩山顶修建的蓄水池

对于在坡度为70°以上的坡面，采用的治理措施是喷洒浓度高的抗蚀促生材料，起到固化作用，避免水分下渗，阻止砒砂岩膨胀。

工人在砒砂岩山坡喷洒抗蚀促生材料

对于坡度为 70°以下的坡面，采用的治理措施是喷洒抗蚀促生材料，以栽种沙棘为主，再种植一些冰草、披碱草等适合当地生长的草类植物。

喷洒抗蚀促生材料后，原来光秃秃的砒砂岩披上了绿装

在沟道内合适的地方利用砒砂岩改性材料修建淤地坝或谷坊，或者种植沙棘等植物，形成植物柔性坝，降低水流速度，防止冲刷，同时把泥沙拦下来。

在二老虎沟山坡上用抗蚀促生材料后，种植的野牛草、冰草、披碱草和棒棒草生长得郁郁葱葱。当地农民说，在砒砂岩上长出如此茂密的植物，之前从来没有见过，简直不可思议。

科学家们让砒砂岩换了新貌

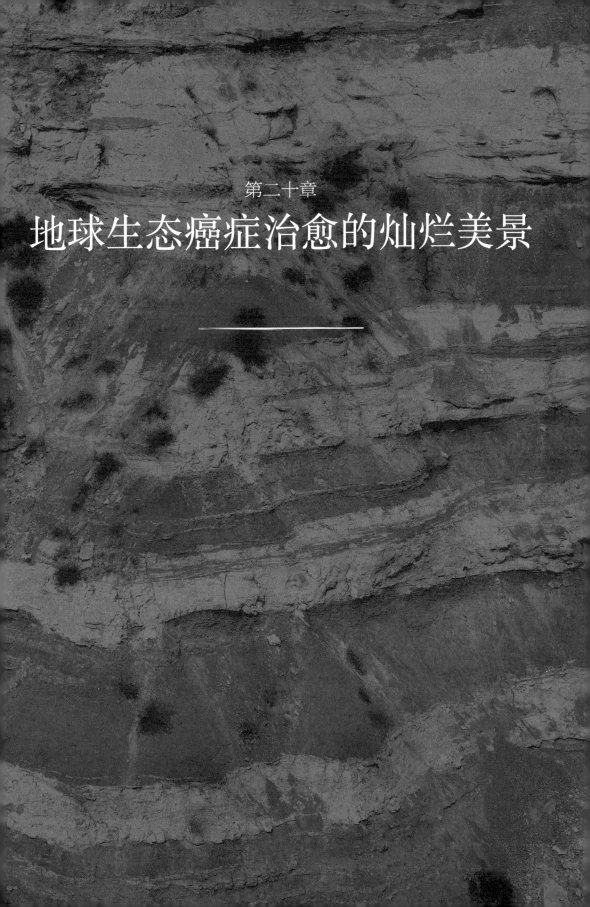

第二十章

地球生态癌症治愈的灿烂美景

治理砒砂岩生态癌症这件事一直为国家所牵挂，为科学家们所倾注与痴情。现在，又列出了国家重点研发计划项目，叫作"鄂尔多斯高原砒砂岩区生态综合治理技术"，对砒砂岩区的生态治理继续进行更深入的科技突破，为实现我国生态文明建设和黄河流域高质量发展提供科学家们的更多智慧。

为了实现砒砂岩区绿水青山的美好明天，研发团队再出发

科技必将改变生活，让我们的生活变得更加灿烂美好！一代又一代的科研人员扎根砒砂岩区，将科研的精神在这里发扬光大，将科研的成果在这里开花结果，将更多的科学研究从实验室搬到这个方圆1.67万平方千米的砒砂岩沟沟壑壑中，随着时间的推移，这里将会出现越来越多的绿色。

建设的砒砂岩治理科技示范园

试想一下，有一天，当我们再到砒砂岩区的时候，这里的水土流失消失了，各种树木争相生长，天是那么的蓝，风是那么的轻，云是那么的白。在这里，一边欣赏着让人垂涎欲滴的巨大的砒砂岩"五花肉"，一边品尝着在这里种植的各种水果，还喝着用酸枣叶做出来的茶水，那是多么地惬意啊！在这里，漫瀚调将会把砒砂岩治理这件事写入新词，到处传唱，人们喝着用沙棘制作的保健品和饮料，还有其他果实制作的美酒，吃着用"百里香"这种当地的天然植物香料烹饪的羊肉，是不是特别享受呀！

砒砂岩地区的非物质文化遗产的戏曲——漫瀚调演出现场

科技必将改变未来！有一代代科研人员的信仰和不懈努力，加上科技这把手术利器，我们有理由相信，被称为"地球生态癌症"的砒砂岩一定能被治好，砒砂岩地区的明天一定会更美好！

科学家们为我们展望的地球生态癌症治愈后的美景